地平線上の二重の月

Peter D. Geldart
RASC会員

Google 翻訳による英語からの翻訳

I0105634

地平線上の二重の月
Peter D. Geldart
RASC会員
geldartp@gmail.com

Google 翻訳による英語からの翻訳

約3,600語 (English)
32ページ
4インチ×6インチ

2025

Petra Books
MBO Coworking
78 George Street, Suite 204
Ottawa ON K1N 5W1 Canada

表紙：この一連の写真は、2013年1月のある夜、メイン州ケープエリザベスのトゥーライツ州立公園上空に昇る、歪んで燃えるような月の姿を捉えています。逆さまの月が昇る様子が捉えられています。撮影：ジョン・ステットソン。概要執筆：ジョン・ステットソン、ジム・フォスター。
Photographer: John Stetson. Summary by: John Stetson; Jim Foster.

Essay first published, in part, in *The Strolling Astronomer*, V. 67, no. 2, p 73, 2025, journal of The Association of Lunar and Planetary Observers.

最初に一部が、月惑星観測者協会の雑誌『The Strolling Astronomer』第 67 巻第 2 号、73 ページ、2025 年に掲載されました。

抽象的な

月の沈み際、あるいは月の出際に地平線上に現れる下側の像の原因を考察する。水面上の月が沈む際に、その下側にも像が現れる現象を観測した。これは、その形状からエトルリアの壺効果、あるいはオメガ効果として知られている。屈折モデルによれば、地平線を越えた幾何学的な形状の月からの光は、温度と密度の異なる空気層を通過し、観測者に向かって屈折すると考えられる。しかし、このモデルだけでは、蜃気楼のようなものではなく、力強い下側の像が上昇する現象を説明するには不十分である。著者は、屈折、反射、あるいは重力が、この現象にどの程度影響を与えているかを考察する。

編集者注：この現象を調査する際には、太陽よりも月を観測する方がはるかに適している。月は東向きの軌道を描いているため、より詳細な情報が得られ、また月は太陽よりもわずかにゆっくりと下降するからである。太陽を観測する際は、適切なフィルターを使用し、注意深く観察する必要がある。そうでないと、永久的な眼の損傷につながる可能性がある。

Geldart

　広大な水辺や平地の端に立つと、地平線までの距離は約5kmになります。[1] 星や惑星は地平線上では透明度が低下し、光が地平線上で屈折するため、実際よりも高く見えます。これは月や太陽にも当てはまり、天頂や中高度からの光よりも多くの大気を通過するため、短波長の光が散乱し、長波長側（オレンジがかった赤）に色がシフトして平坦に見えることがあります。多くの場合、広範囲の水上で条件が良好で、視点が水面に近い場合、月や太陽が地平線に近づくと、下からの反射のようにはっきりとした力強い縁が現れ、像が重なります。私は自分の観察結果を説明し、大気の屈折だけでは説明が不十分であると主張します。

─────────────────────

1 地平線までの距離の計算に関する多くの参考文献の 1 つに、Matthew Conroy によるものがあります。
https://sites.math.washington.edu/~conroy/m120-general/horizon.pdf

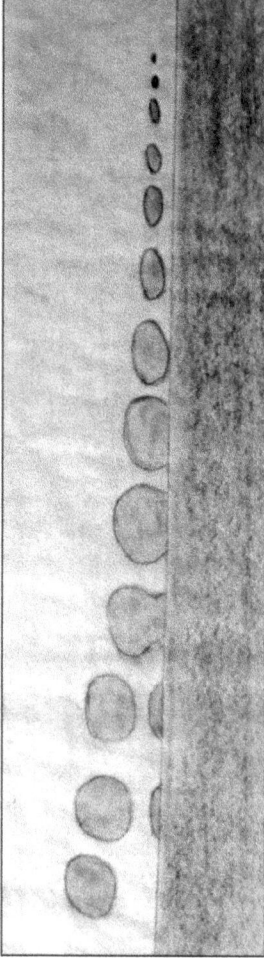

図1. 下の写真のように、半月がオンタリオ湖に沈んでいく。下の写真では、同じ海が上て に伸びているのが見える。一方、円盤状の月は地平線上で合体し、0に近づく。目の高さ（座位 ）は水面から約1mの高さ上にあり、2021年9月19日午前5時（現地時間）、カナダ、オンタリオ州 プリンスエドワード郡から南西方向を向いている。双眼鏡で観察した直後の、筆者による合成時 系列画像（動きは水平ではなく垂直）。

観察

　大きな湖の上に沈む半月を何度も観察しました。海のように大きなうねりや波がないので、地平線を眺めるには理想的な場所です。そのため、下から昇る複製の像を観察することができました。この複製の「月」は、上の月とほぼ同じ大きさと色をしており、月が沈むのと同じ速度で昇っています（私の緯度44度から見ると、2分で月の幅に相当します）。下側の像は[2] 地平線を越えた、実際の幾何学的な月の反転した下縁です。これは、月の下部にある同じ海が、その下の縁にも存在していることから分かります。座った状態で目の高さが水面から約1メートル上にあるとすると、一瞬のうちに2つの像が重なり合い、楕円形が小さくなり、地平線から約5分角上の線上に「消えて」いきます（図1）。

2「下像」とは「上像」の下にある像のことです。この場合、
　上像は地平線のすぐ上にある月全体です。

目の高さが水面から約2mの位置に立って観測する場合も、同様に劣った像が見えるかもしれないが、その角度では、上昇した幻影の地平線を見るには十分低い角度ではない（ただし、2つの像が最初に出会う場所には折り目が残っている）。合成された形状は地平線の下に沈み込む（図2）。目の高さが約1mだった前のケース（地平線は約4km離れていた1 - 図1）では、合成された形状は幻影の地平線上でゼロに後退し、これよりわずかに高い位置にいる他の観測者には見えない光景である。

付録には、インターネットで検索した、この効果を示す、または示さない他の観測者による観測の一覧がある。陸上での事例は見つかっていないが、証拠がないからといって、存在しないという証拠にはならない。陸上でこの効果がないのは、陸上で観測する場合、非常に平坦な陸地であっても、地平線から5kmの地表の凹凸の高度が、大気の最初の数メートルを覆い隠すのに十分だからかもしれない。 . . .

図2. この合成写真には、沈む月と、オンタリオ湖の水平線に昇る月の重複像が描かれている。目線（立っている位置）は水面から約2mの高さで、2019年9月10日午前3時（現地時間）、カナダ、オンタリオ州プリンスエドワード郡から南西方向を向いている。（双眼鏡で観察した直後に筆者が描いたスケッチ）

劣悪な画像を生成する光は通過しなければならない.[3]

　　しかし、穏やかで広い水面から見ると、表面の凹凸（つまり波）が小さいため、この効果を観察できます。しかし、波が大きすぎる場合や、視点が高すぎる場合など、水面上ではこの効果が見られないこともあります。.

---

3 Young, A.T. (2005). 下方蜃気楼：改良モデル, Applied Optics, v. 54, n. 4, p. B173.「地面のごく小さな凹凸は、最も低い軌道を遮ることで、この現象に非常に顕著な影響を及ぼす…」J. B. Biot, Recherches sur les réfractions extraordinaires qui ont lieu près de l'horizon. Garnery 1810を引用。https://pubmed.ncbi.nlm.nih.gov/25967823

屈折とは何ですか？

　高度が地球の表面に向かって下がるにつれて、大気はその重力による圧力によって密度が増し（温度も密度に反比例する）、天体光が密度の異なる空気層に角度を持って入射すると、その方向と速度が変化する。スネルの法則によれば、[4] 光は、より冷たく密度の高い空気に入ると速度が遅くなり、空気層の境界に垂直な方向に曲がります。一方、より暖かく密度の低い空気に入ると速度が速くなり、外側に曲がります。これらの状況では、光は屈折しています。

---

4 ウィレブロルド・スネル Willebrord Snellius （1580-1626）は、古代哲学者たちによって光学の分野で先見の明があり、デカルト、フェルマー、ホイヘンス、マクスウェルなどに影響を与えたオランダの天文学者です。スネルの法則は、光が異なる媒質を通過する際の入射角と屈折角の関係を規定しています。https://en.wikipedia.org/wiki/Snell's_law

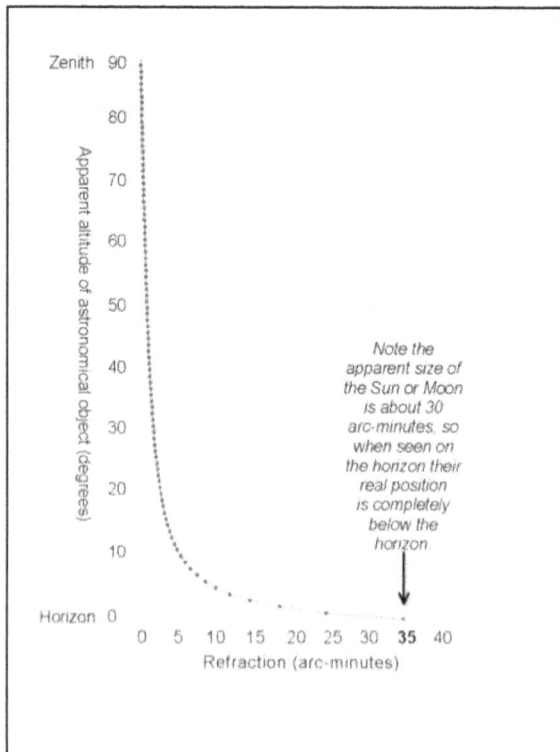

図3. 高度の低下に伴う屈折の増加を示すグラフ。Bennett, 1982 (https://en.wikipedia.org/wiki/Atmospheric_refraction) および McNish, 2007 (https://calgary.rasc.ca/horizon.htm) の研究に基づく。大気圧と密度は同様の曲線を描く。著者による図。

　視線を地平線に向けると、天文光はより多くの大気を通過し、天頂から来る場合よりもより平坦な角度で空気層に近づきます。[5] そして屈折効果が増強されます（図3）。

　しかし、地平線上の月や太陽の劣像現象は、異なる温度の空気層の局所的な配置（通常は地表が周囲の空気を温めるため冷たい空気が暖かい空気の上に重なる、あるいは逆に暖かい空気が冷たい空気の上に重なる）に依存する揺らめく蜃気楼とは異なります。一方、天文距離からの光は大気全体を通過しており、高度の低下とともに密度が増加するため、地表に向かって曲がります。これはシマネクによって次のように説明されています。

5「星からの光の大気による屈折は、天頂ではゼロ、見かけの高度45度では1分角（1分角）未満、高度10度でも5.3分角に過ぎません。高度が下がる（密度が増加する）と急速に増加し、高度5度では9.9分角、高度2度では18.4分角、地平線では35.4分角に達します…」
https://en.wikipedia.org/wiki/Atmospheric_refraction

Simanek (2021):

「大気は地球を包み込む巨大なレンズのような役割を果たします。これにより、私たちは地球の曲線を『回り込んで』見ることができます。この屈折の原因は、高度が上昇するにつれて大気の密度が減少することです…[そして]この屈折は一定であり、常に存在します。これは、地表付近の温度逆転による局所的かつ一時的な光学現象と混同しないでください。」

https://dsimanek.vialattea.net/flat/round-spin.htm

そして

McLinden (1999):

「地球の大気中を伝播し、密度の低い空気から密度の高い空気へと進む光の場合、スネルの法則により、光の進路は地表に向かって曲げられます。」

https://www.nlc-bnc.ca/
obj/s4/f2/dsk2/tape15/PQDD_0025/NQ33542.pdf#page=90
(71ページ)

　　地平線上の月と太陽は特別なケースです。偶然にも、地球から見ると、その円盤の大きさは同じ（約30分角）に見えます。[6] 日食の時に明らかになります。また、地表付近の大気の密度が約35分角の屈折率を持つことも偶然です。つまり、地平線上の30分角の像は、地平線の向こう側から屈折したものに違いありません。空高く中高度にある月は、月の真の位置ですが、地平線に近づくにつれて徐々にずれが生じ、地平線上では、地平線下の実際の幾何学的な月から完全に屈折した像が見えるようになります。[7]

---

6 地球は直径140万kmの太陽の周りを平均約1億5000万kmの距離で公転しています。一方、直径3400kmの月は平均約38万4000kmの距離で地球の周りを公転しています。これらの数値は、地球から見ると月と太陽の円盤がほぼ同じ大きさに見えることを意味します。

7 屈折に関する数多くのプレゼンテーションの一つは、https://britastro.org/node/17066 です。
(英国天文学協会) (British Astronomical Association).

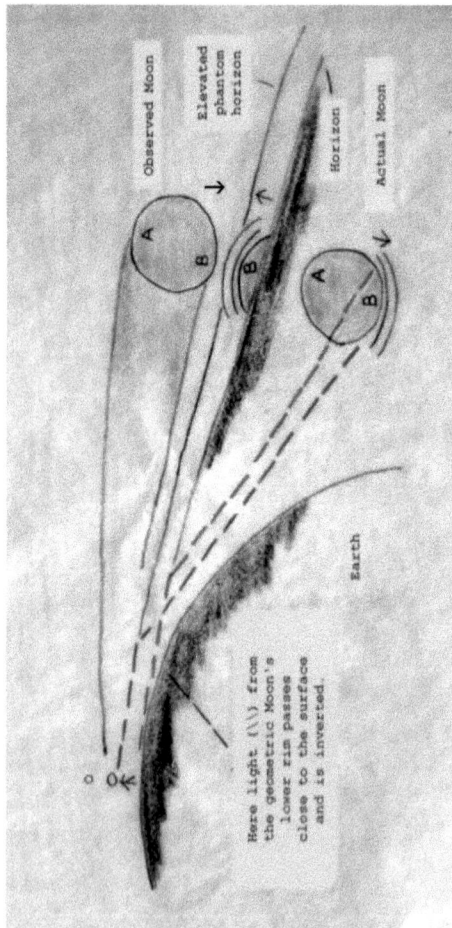

図4. 沈む月。地平線（下）の向こうにある実際の幾何学的な月からの光が、観測される月（上）と、逆さまに昇る下縁の両方を生み出している。縮尺は正確ではない。（著者のスケッチ）。

Labels within figure:
- Observed Moon
- Elevated phantom horizon
- Actual Moon
- Horizon
- A / B
- B
- A / B
- Earth
- Here light (\\) from the geometric Moon's lower rim passes close to the surface and is inverted.

14

劣ったイメージ

以下に、下側の像の出現について3つの説明を挙げます。

(1) 地平線上での屈折

地平線すぐ上の月の像は、高度の低下に伴う大気の密度の増加により、実際の幾何学的な月からの光線が地平線を越えて屈折することによって生じたと考えるのが妥当です。そして、視界から外れた月が地平線に対して西に遅れるにつれて（どちらも東へ進んでいますが）、[8] 下縁（図4のB）からの光は地表に非常に接近し、反転して地平線から上昇するように見えます（破線）。下縁が上昇するのは、地平線に対して「下降」する見かけの月と逆の動きをしているためです。

---

8 「月の出」と「月の入り」という言葉は比喩表現です。地球は赤道上で時速約1,700kmの速度で東に自転しており、1日かけて1周します。一方、月は地球を東に周回しており、中緯度地域から見ると、背景の星々を背景に、地球の幅（30分角）ほどを2分で移動し、1周するのに1ヶ月かかります。結果として、月は地球の東への移動に1日あたり約50分遅れており、東から昇り西に沈むという逆方向にしか動いていないように見えます。言い換えれば、地球の地平線が月の姿に追いつき、追い越しているのです。

　屈折モデルは上空の見かけの月を説明できますが、下側の像を説明するには弱点があります。地表付近の温度の異なる空気層を通過する光線は蜃気楼のように揺らめきますが、下側の像は鮮明で安定しています。また、下側の像は地平線と、沈みゆく月と交わる褶曲線の間で歪まないため、地平線で最大となる屈折は作用していないように見えます。さらに、晴天時に下側の像が常に広い水面を見下ろす低い地点から見える場合、その効果は観測者付近と地平線の温度層とは無関係であり、温度層は時間と場所によって異なります。

　（2）地平線を越えた水面からの反射。

　昇る下像の原因に関するこの提案（これは沈む月の反射と全く同じように振舞うため）は、晴れた日に、地平線から異なる距離で陸地に達する異なる水域で、地平線近くに沈む月を別々に観測することによって検証できる。地平線から一定の距離（例えば10km）離れた陸地が下像の出現を妨げる場合（これを検証するには多数の観測が必要となる）、その距離に水が必要である。これは、下像が開水面上で発生する場合、幾何学的な月の光がその距離で地平線を越えた水面に反射しており、異なる温度の空気層の存在は関係ないことを意味する。図1で、像が交わり消える幻の地平線は、屈折によって隆起

した遠方の水面の眺めであると想像してみてほしい。また、陸地の向こう側、地平線を越えて広大な水域がある平地の上空でも状況を検証したいと考えるだろう。もしこの効果が現れるなら、反射を裏付けることになる。なぜなら、視界が陸地だけであれば、おそらく効果は現れないからである。しかし、この反射説は全体として疑問視される。なぜなら、水面に反射した像は揺らめいて不明瞭になるのに対し、下側の像は一貫して明瞭だからである。もちろん、陸地（水面以外）上でこの効果が観測されれば、反射は排除され、この理論は誤りであることが証明される。

. . .

(3) 地球の重力井戸。

月の光は、月の遥か彼方から地球の中心まで伸びる地球時空の曲線に沿って進まなければならない。言うまでもなく、月の重力井戸もここで絡み合い、少なくとも地球の裏側まで達している。これは海の潮汐によって示されている。地球における重力の引力は非常に小さい。[9,] [10,]

---

9 「地球の表面における[「空間と時間の曲率」の]強度は Gm/rc2 … ~ 10–9 [0.000 000 001]です。この微小な値が曲げ角度（ラジアン単位）です。」サンジョイ・マハジャン、マサチューセッツ工科大学、電気工学・コンピュータサイエンス。Sanjoy Mahajan https://web.mit.edu/6.055/old/S2009/notes/bending-of-light.pdf#page=6 (116ページ)。

10 太陽の質量は地球の約30万倍であり、そのため時空ははるかに大きな曲率を持ちます。イギリスの科学者エディントンは、光は大きな質量の周りで曲がるというアインシュタインの仮説を証明しようとしたことで有名です。1919年、彼のチームは日食を観測するために2つの熱帯地域を訪れました。彼らは、太陽の縁に非常に近いヒアデス星団の星の位置が、暗い夜空での位置と比較して偏向していることを示すことができました。 ctc.cam.ac.uk/news/190722_newsitem.php

　しかし、ここでの仮説は、地表に非常に近いところを通過する光はより大きな影響を受け、地表とともに曲がり、反転するというものです。これは、地表に近い観測者の視点から見た場合、つまり、地表に近いところにいる観測者の視点から見た場合です（図4）。

　これを裏付けるためにどのようなテストを考案できるでしょうか？

　星の位置を調べることができます。地平線近くの同じ低高度にある限り、異なる時期に異なる星であっても構いません。もちろん大気の干渉はありますが、目的は地球の重力井戸による変位を測定することです。実際には、これは平坦な地形の上空で地表近くから、異なる季節や異なる緯度（赤道、北極圏など）の星の位置を観測することを意味します。これにより、冷たい空気が暖かい空気の上に、またはその逆のさまざまな状況を得ることができます。もう一つの要因は、大気全体の温度変化です。これは対流圏の深さに影響を及ぼします。対流圏の深さは、地上から両極（冷気）で最大約7km、赤道（暖気）で最大15kmまで増加します。観測された星の位置は、既知の計算位置と比較されます。計算では、時間、季節、緯度が考慮され、屈折は考慮されません。例えば、冬の北極圏で地平線に非常に近い、選択された高度にある星

の位置と、熱帯地方で同じ高度にある別の星の位置を考えます。両方のケースで、観測された星の位置が計算位置から同じ程度変化した場合、異なる温度の空気層の影響は、追加の変位には関係しません。同様に、原因が屈折である可能性も排除できる。つまり、高度の低下とともに密度が増加するため、光が大気中を地球表面に向かって曲がる現象である。高度による密度の変化は北極と赤道では異なり、これが地平線からの光に異なる影響を与えるからだ。したがって、私たちが調査している星の位置が両方のケースで同じ程度変化しているとすれば、その変化は大気の温度や密度（減率）の変化以外の何かによるものでなければならず、その要因は地球の重力井戸の曲線に沿って光が移動している可能性もある。

結論

　月や太陽が西に沈む場合について述べましたが、これは東から昇る天体にも同様に当てはまります。

　明確に言えば、天頂付近や中高度で見える天体は、高度の低下に伴う大気密度の増加によって屈折するわけではありません。なぜなら、密度は急激に増加するからです（高度20kmではほぼゼロですが、海面では約1.2kg/m³まで）。[11].

　しかし、低高度で地平線近くに見える月や太陽などの天体は、屈折して地平線を越えて前方に運ばれてきます（ただし、反転はしません）。時折見られる反転した下像は、高度による密度の減少の影響を受けないほど幅が狭いため屈折していません。それでもなお、これは幾何学的な月の縁が地平線を越えて前方に運ばれてきた像です。説明が必要なのは、この下像です。

　屈折モデルによれば、地平線上の像は、温度の異なる空気層を通過する光によって、きらめきと蜃気楼のような外観になると予想されま

---

11 en.wikipedia.org/wiki/International_Standard_Atmosphere

すが、これは下像の特徴ではありません。代替的な重力理論では、下像は（i）蜃気楼よりも明瞭で堅牢であり、（ii）局所的な温度層とは無関係に多くの状況で発生し、（iii）その地域の屈折率が高くても地平線上で歪まないことが想定されます。この仮説は、水面近くの有利な地点から広がる水面上の地平線を観測すると、観測者は地表近くを通過した幾何学的な月の縁からの光が、大気の温度や密度に関わらず、地球周囲の時空の曲率によって反転されるのを見るというものである。この現象は、水平面越しに地平線を見下ろす低い地点からのみ見られるため、観測者の視点の重要性も強調される。

　　前述のフィールドワークは、反射説と重力説のどちらを支持するか、あるいは否定するかを判断するために必要となるだろう。もしこれらの説が否定されるならば、屈折がどのようにして劣悪な像を生み出すのかを再考する必要があるだろう。どのような説明（屈折、反射、重力）であっても、基本的な前提は変わりません。

(a) あらゆる高度にいる観測者にとって、地平線に近づく月のイメージは、高度の低下に伴う密度の増加により、視界外にある幾何学的な月が大気圏で屈折して生じる光によって生じます。

(b) 広大な海面上を見下ろす地表近くの観測者も屈折した月を見ることができますが、同時に、地球表面の曲率に沿って観測者の位置に到達した幾何学的な月の縁からの光によって生じる、上昇する（反転した）下向きの像も見る可能性があります。

付録

月や太陽の昇り降りを他の人が観測したもの。

劣像効果付き

* 日食
エリアス・チャシオティス、2019年12月
カタールElias Chasiotis
海上で日の出と月の出が同時に起こる、異例の日食。
https://apod.nasa.gov/apod/ap191228.html

* 日没
ジョージ・カプラン、1999年8月
アメリカ合衆国ノースカロライナ州
保護された海域（波やうねりはそれほど顕著ではない）。
A.T.ヤングによる解説付き George Kaplan
https://aty.sdsu.edu/explain/simulations/inf-mir/Kaplan_photos.html

* 日の出
ロブ・ブルーナー、2009年11月
メキシコ。海上 Rob Bruner
https://epod.usra.edu/blog/2009/12/omega-sunrise.html

* 日の出
ルイス・アルゲリッチ、2011年9月
アルゼンチン。海上 Luis Argerich
https://epod.usra.edu/blog/2011/11/omega-sunrise-from-buenos-aires.html

* 月の出
ジョン・ステットソン、2013年1月
アメリカ合衆国メイン州。海上 John Stetson
https://epod.usra.edu/blog/2013/02/omega-moon-over-cape-elizabeth-maine.html

* 月の入り
アレックス・バーガー、2012年10月
カナダ、マニトバ州 Alex Berger
霧がかかっていても、保護された海域（ハドソン湾）
https://flickr.com/photos/virtualwayfarer/8185226155

* 日没
マイケル・マイヤーズ、2002年
アメリカ合衆国ノースカロライナ州ハッテラス岬
パムリコ湾上空 Michael Myers
https://atoptics.co.uk/atoptics/sunmir2.htm

影響なし

* 月の出
アラン・ダイアー、2020年9月 Alan Dyer
カナダ、アルバータ州の草原
平地の不規則な地形により、画質の劣化する大気下層数メートルが遮られています。
https://vimeo.com/465032138

* 月の入り
ウラジミール・シェグロフ、2018年4月
ロシア北東部の雪に覆われたツンドラ地帯
平地の不規則な地形により、画質の劣化する大気下層数メートルが遮られています。 Vladimir Scheglov
https://esplaobs.blogspot.com/2018/04/moon-and-wolf-taken-by-vladimir.html

* 夕焼け
XtU、2009年12月 XtU
水面上。筆者は、水面上の深いオレンジ色の夕焼けも観測したことがあるが、いずれも効果は見られなかった。
https://en.wikipedia.org/wiki/File:Sunset_Time_Lapse_31-12-2009.ogv

Geldart

注：この文書内のURLは2025年4月時点で検証済みです。

Geldart

www.ingramcontent.com/pod-product-compliance
Lightning Source LLC
Chambersburg PA
CBHW052125030426
42335CB00025B/3123